영역별 반복집중학습 프로그램

기탄영역별수학
도형·측정편

수학과 교육과정에서 초등학교 수학 내용은 '수와 연산', '도형', '측정', '규칙성', '자료와 가능성'의 5개 영역으로 구성되는데, 우리가 이 교재에서 다룰 영역은 '도형·측정'입니다.

'도형' 영역에서는 평면도형과 입체도형의 개념, 구성요소, 성질과 공간감각을 다룹니다. 평면도형이나 입체도형의 개념과 성질에 대한 이해는 실생활 문제를 해결하는 데 기초가 되며, 수학의 다른 영역의 개념과 밀접하게 관련되어 있습니다. 또한 도형을 다루는 경험으로부터 비롯되는 공간감각은 수학적 소양을 기르는 데 도움이 됩니다.

'측정' 영역에서는 시간, 길이, 들이, 무게, 각도, 넓이, 부피 등 다양한 속성의 측정과 어림을 다룹니다. 우리 생활 주변의 측정 과정에서 경험하는 양의 비교, 측정, 어림은 수학 학습을 통해 길러야 할 중요한 기능이고, 이는 실생활이나 타 교과의 학습에서 유용하게 활용되며, 또한 측정을 통해 길러지는 양감은 수학적 소양을 기르는 데 도움이 됩니다.

이 책의 특징

1. 부족한 부분에 대한 집중 연습이 가능

도형·측정 영역은 직관적으로 쉽다고 느끼는 아이들도 있지만, 많은 아이들이 수·연산 영역에 비해 많이 어려워합니다.

길이, 무게, 넓이 등의 여러 속성을 비교하거나 어림해야 할 때는 섬세한 양감능력이 필요하고, 입체도형의 겉넓이나 부피를 구해야 할 때는 도형의 속성, 전개도의 이해는 물론 계산능력까지도 필요합니다. 도형을 돌리거나 뒤집는 대칭이동을 알아볼 때는 실제 해본 경험을 토대로 하여 형성된 추론능력이 필요하기도 합니다.

다른 여러 영역에 비해 도형·측정 영역은 이렇게 종합적이고 논리적인 사고와 직관력을 동시에 필요로 하기 때문에 문제 상황에 익숙해지기까지는 당황스러울 수밖에 없습니다. 하지만 절대 걱정할 필요가 없습니다.

기초부터 차근차근 쌓아 올라가야만 다른 단계로의 확장이 가능한 수·연산 등 다른 영역과 달리, 도형·측정 영역은 각각의 내용들이 독립성 있는 경우가 대부분이어서 부족한 부분만 집중 연습해도 충분히 그 부분의 완성도 있는 학습이 가능하기 때문입니다.

이번에 기탄에서 출시한 기탄영역별수학 도형·측정편으로 부족한 부분을 선택하여 집중적으로 연습해 보세요. 원하는 만큼 실력과 자신감이 쑥쑥 향상됩니다.

2. 학습 부담 없는 알맞은 분량

내게 부족한 부분을 선택해서 집중 연습하려고 할 때, 그 부분의 학습 분량이 너무 많으면 부담 때문에 시작하기조차 힘들 수 있습니다.

무조건 문제 수가 많은 것보다 학습의 흥미도를 떨어뜨리지 않는 범위 내에서 필요한 만큼 충분한 양일 때 학습효과가 가장 좋습니다.

기탄영역별수학 도형·측정편은 다루어야 할 내용을 세분화하여, 한 가지 내용에 대한 학습량도 권당 80쪽, 쪽당 문제 수도 3~8문제 정도로 여유 있게 배치하여 학습 부담을 줄이고 학습효과는 높였습니다.

학습자의 상태를 가장 많이 고민한 책, 기탄영역별수학 도형·측정편으로 미루어 두었던 수학에의 도전을 시작해 보세요.

이 책의 구성

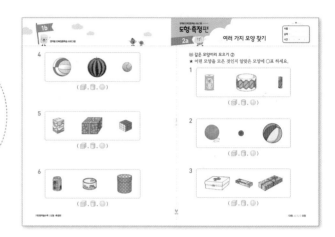

★ 본 학습

제목을 통해 이번 차시에서 학습해야 할 내용이 무엇인지 짚어 보고, 그것을 익히기 위한 최적화된 연습문제를 반복해서 집중적으로 풀어 볼 수 있습니다.

★ 성취도 테스트

성취도 테스트는 본문에서 집중 연습한 내용을 최종적으로 한번 더 확인해 보는 문제들로 구성되어 있습니다. 성취도 테스트를 풀어 본 후, 결과표에 내가 맞은 문제인지 틀린 문제인지 체크를 해가며 각각의 문항을 통해 성취해야 할 학습목표와 학습내용을 짚어 보고, 성취된 부분과 부족한 부분이 무엇인지 확인합니다.

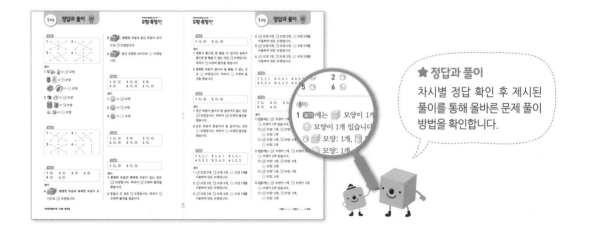

★ 정답과 풀이

차시별 정답 확인 후 제시된 풀이를 통해 올바른 문제 풀이 방법을 확인합니다.

기탄영역별수학
도형·측정편

비교하기

2 과정

기초부터 탄탄하게
기탄교육

차례
contents

비교하기

도형·측정편

1a

길이 비교하기

🐸 두 물건의 길이 비교하기 ①

★ 알맞은 말에 ○표 하세요.

> 두 물건의 길이를 비교할 때에는 '더 길다, 더 짧다'로 나타냅니다.

1

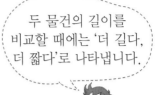

- 왼쪽 끝을 맞추었을 때 오른쪽 끝이 더 많이 나온 것은 (기차 , 자동차)입니다.
- 기차는 자동차보다 더 (깁니다 , 짧습니다).

2

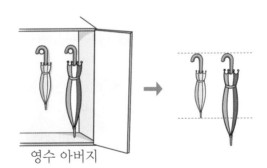

영수 아버지

- 위쪽 끝을 맞추었을 때 아래쪽 끝이 더 적게 내려온 것은 (영수 , 아버지)의 우산입니다.
- 영수의 우산은 아버지의 우산보다 더 (깁니다 , 짧습니다).

3

- 연필은 지우개보다 더 (깁니다 , 짧습니다).
- 지우개는 연필보다 더 (깁니다 , 짧습니다).

4

기차는 버스보다 더 (깁니다 , 짧습니다).

5

망치는 못보다 더 (깁니다 , 짧습니다).

6

풀은 가위보다 더 (깁니다 , 짧습니다).

7

크레파스는 색연필보다 더 (깁니다 , 짧습니다).

길이 비교하기

🐸 두 물건의 길이 비교하기 ②

★ 더 긴 것에 ○표 하세요.

1
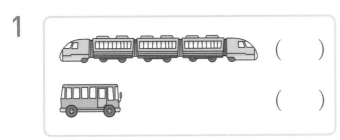
(   )

(   )

2
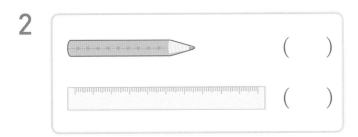
(   )

(   )

3

(   )

(   )

4
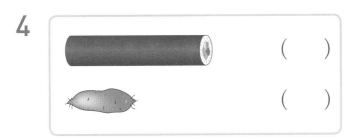
(   )

(   )

5

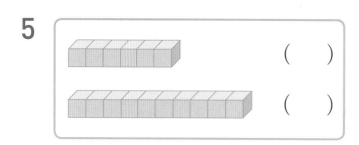

( )

( )

6

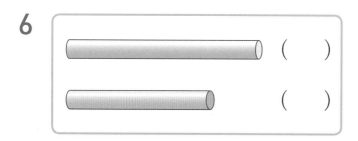

( )

( )

7

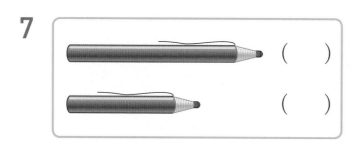

( )

( )

8

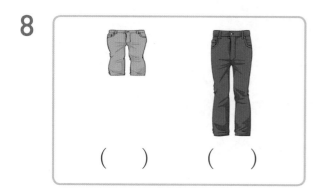

( )   ( )

길이 비교하기

이름 :
날짜 :
시간 :   :   ~   :

🐸 두 물건의 길이 비교하기 ③

★ 더 짧은 것에 △표 하세요.

1

( )

( )

2

( )

( )

3

( )

( )

4

( )

( )

5

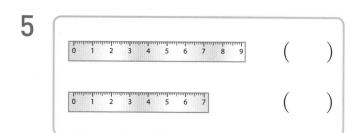

(   )

(   )

6

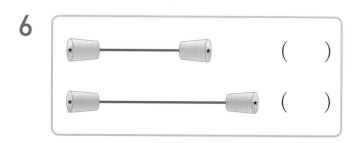

(   )

(   )

7

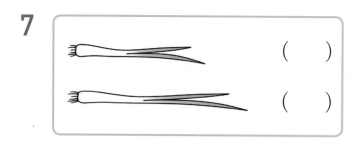

(   )

(   )

8

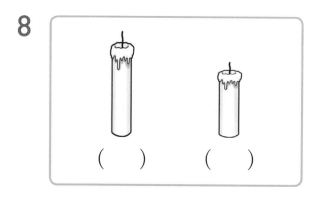

(   )   (   )

길이 비교하기

이름 :

날짜 :

시간 :   :   ~   :

🐸 세 물건의 길이 비교하기 ①

★ 알맞은 말에 ○표 하세요.

> 세 물건의 길이를 비교할 때에는 '가장 길다, 가장 짧다'로 나타냅니다.

1

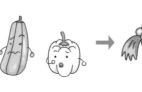

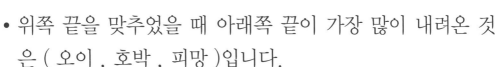

- 위쪽 끝을 맞추었을 때 아래쪽 끝이 가장 많이 내려온 것은 (오이 , 호박 , 피망)입니다.
- 가장 긴 것은 (오이 , 호박 , 피망)입니다.

2

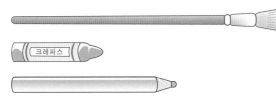

- 가장 긴 것은 (붓 , 크레파스 , 색연필)입니다.
- 가장 짧은 것은 (붓 , 크레파스 , 색연필)입니다.

3

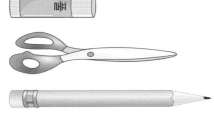

- 가장 긴 것은 (풀 , 가위 , 연필)입니다.
- 가장 짧은 것은 (풀 , 가위 , 연필)입니다.

4

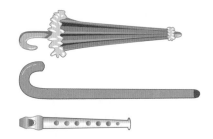

가장 긴 것은 (우산 , 지팡이 , 리코더)입니다.

5

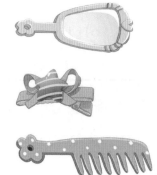

가장 긴 것은 (손거울 , 머리핀 , 빗)입니다.

6

가장 짧은 것은 (자 , 풀 , 못)입니다.

도형·측정편

5a

길이 비교하기

🐸 세 물건의 길이 비교하기 ②

★ 가장 긴 것에 ○표, 가장 짧은 것에 △표 하세요.

1

	(	)

크레파스   ( )

( )

풀   ( )

2

( )

( )

( )

3

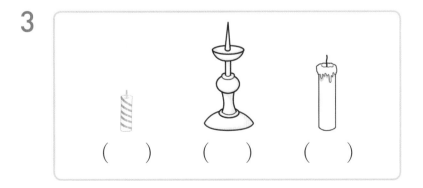

( )   ( )   ( )

4

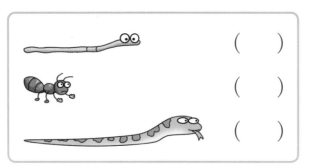

(   )

(   )

(   )

5

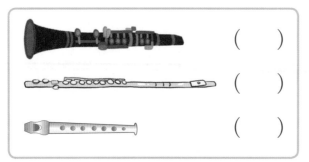

(   )

(   )

(   )

6

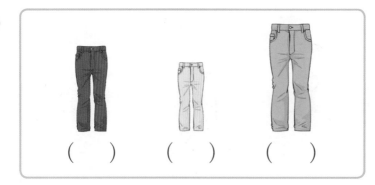

(   )   (   )   (   )

영역별 반복집중학습 프로그램

도형·측정편

6a

길이 비교하기

이름 :

날짜 :

시간 :   :   ~   :

🐸 **키 비교하기 ①**

★ 알맞은 말에 ◯표 하세요.

두 대상의 키를 비교할 때에는 '더 크다, 더 작다'로 나타냅니다.

1

형주   소희 정우 은희   민수

- 발바닥을 바닥에 대고 몸을 바르게 섰을 때, 머리끝이 더 많이 올라간 사람은 (소희 , 은희)입니다.
- 소희는 은희보다 키가 더 (큽니다 , 작습니다).

2

형주   소희 정우 은희   민수

- 발바닥을 바닥에 대고 몸을 바르게 섰을 때, 머리끝이 더 적게 올라간 사람은 (소희 , 형주)입니다.
- 소희는 형주보다 키가 더 (큽니다 , 작습니다).

3

민지   형주

- 민지는 형주보다 키가 더 (큽니다 , 작습니다).
- 형주는 민지보다 키가 더 (큽니다 , 작습니다).

4

아버지   소희

아버지는 소희보다 키가 더 (큽니다 , 작습니다).

5

기린은 오리보다 키가 더 (큽니다 , 작습니다).

6

정우   민수

정우는 민수보다 키가 더 (큽니다 , 작습니다).

7

다람쥐는 코끼리보다 키가 더 (큽니다 , 작습니다).

도형·측정편

7a

길이 비교하기

이름 :
날짜 :
시간 :   :   ~   :

🐸 키 비교하기 ②

★ 키가 더 큰 동물(사람)에 ○표 하세요.

1

(   )   (   )

2

(   )   (   )

3

(   )   (   )

★ 키가 더 작은 동물(사람)에 △표 하세요.

4

( )　　　　( )

5

( )　　　　( )

6

( )　　　　( )

도형·측정편

8a

길이 비교하기

이름 :

날짜 :

시간 :   :   ~   :

🐸 키 비교하기 ③

★ 알맞은 말에 ○표 하세요.

1

시윤   민석   소정

세 대상의 키를 비교할 때에는 '가장 크다, 가장 작다'로 나타냅니다.

- 발바닥을 바닥에 대고 몸을 바르게 섰을 때, 머리끝이 가장 많이 올라간 사람은 (시윤 , 민석 , 소정)이입니다.
- 키가 가장 큰 사람은 (시윤 , 민석 , 소정)이입니다.

2

연수   윤희   준기

- 키가 가장 큰 사람은 (연수 , 윤희 , 준기)입니다.
- 키가 가장 작은 사람은 (연수 , 윤희 , 준기)입니다.

3

- 키가 가장 큰 동물은 (코끼리 , 하마 , 기린)입니다.
- 키가 가장 작은 동물은 (코끼리 , 하마 , 기린)입니다.

★ 키가 가장 큰 동물(사람)에 ○표, 가장 작은 동물(사람)에 △표
하세요.

4

( )　　　( )　　　( )

5

( )　　　( )　　　( )

6

( )　　　( )　　　( )

도형·측정편

9a

길이 비교하기

이름 :

날짜 :

시간 :   :   ~   :

🐸 높이 비교하기 ①

★ 알맞은 말에 ○표 하세요.

> 두 대상의 높이를 비교할 때에는 '더 높다, 더 낮다'로 나타냅니다.

1

 →

- 아래쪽 끝이 맞추어져 있을 때, 위쪽 끝이 더 많이 올라간 것은 (버스 , 택시)입니다.
- 버스는 택시보다 더 (높습니다 , 낮습니다).

2

- 아래쪽 끝이 맞추어져 있을 때, 위쪽 끝이 더 적게 올라간 것은 (택시 , 자전거)입니다.
- 자전거는 택시보다 더 (높습니다 , 낮습니다).

3

- 책상은 의자보다 더 (높습니다 , 낮습니다).
- 의자는 책상보다 더 (높습니다 , 낮습니다).

4

로켓

전파탐지기

로켓은 전파탐지기보다 더 (높습니다 , 낮습니다).

5

냉장고는 모니터보다 더 (높습니다 , 낮습니다).

6

승용차는 버스보다 더 (높습니다 , 낮습니다).

7

첨성대

다보탑

첨성대는 다보탑보다 더 (높습니다 , 낮습니다).

도형·측정편

10a

길이 비교하기

🐸 높이 비교하기 ②

★ 더 높은 것에 ○표 하세요.

1

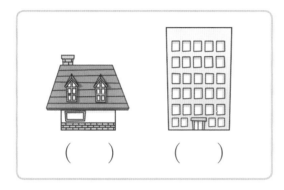

(   )   (   )

2

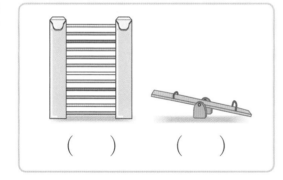

(   )   (   )

3

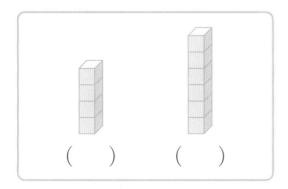

(   )   (   )

영역별 반복집중학습 프로그램

★ 더 낮은 것에 △표 하세요.

4

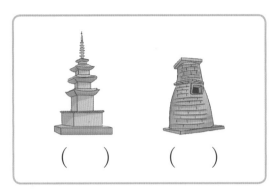

(   )   (   )

5

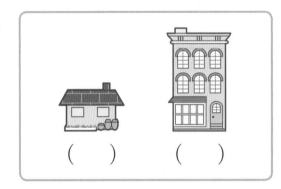

(   )   (   )

6

(   )   (   )

도형·측정편

11a

길이 비교하기

이름 :

날짜 :

시간 :   :   ~   :

🐸 높이 비교하기 ③

★ 알맞은 말에 ○표 하세요.

> 세 대상의 높이를 비교할 때에는 '가장 높다, 가장 낮다'로 나타냅니다.

1

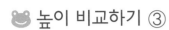
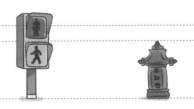

- 아래쪽 끝이 맞추어져 있을 때, 위쪽 끝이 가장 많이 올라간 것은 (신호등 , 소화전 , 우체통)입니다.
- 가장 높은 것은 (신호등 , 소화전 , 우체통)입니다.

2

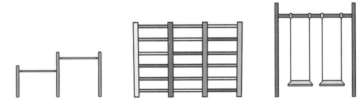

- 가장 높은 것은 (철봉 , 늑목 , 그네)입니다.
- 가장 낮은 것은 (철봉 , 늑목 , 그네)입니다.

3

- 가장 높은 것은 (나무 , 가로등 , 집)입니다.
- 가장 낮은 것은 (나무 , 가로등 , 집)입니다.

★ 가장 높은 것에 ○표, 가장 낮은 것에 △표 하세요.

4

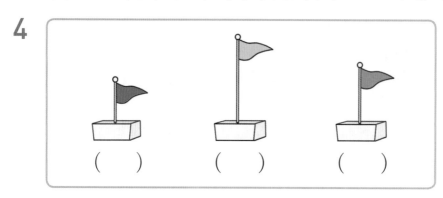

(   )   (   )   (   )

5

(   )   (   )   (   )

6

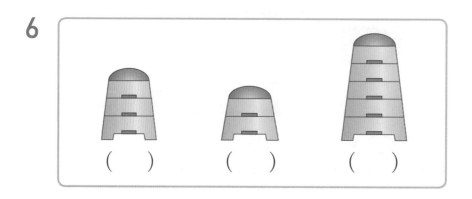

(   )   (   )   (   )

도형·측정편

12a

길이 비교하기

🐸 길이 비교의 이해 ①

★ 주어진 것보다 더 긴 것에 ○표 하세요.

1

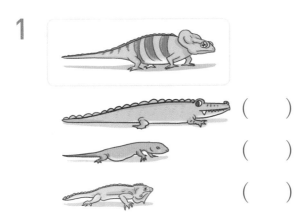

(   )

(   )

(   )

2

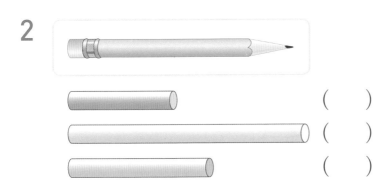

(   )

(   )

(   )

3

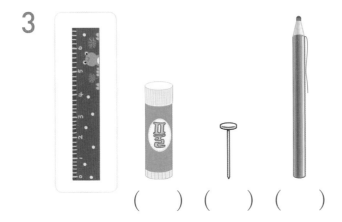

(   ) (   ) (   )

★ 주어진 것보다 더 짧은 것에 △표 하세요.

4

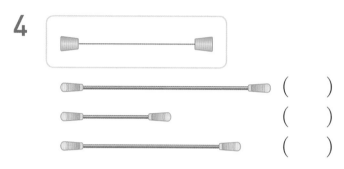

( )

( )

( )

5

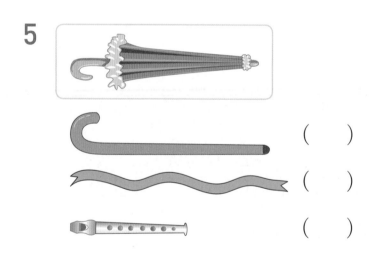

( )

( )

( )

6

( )　　( )　　( )

도형·측정편

13a

길이 비교하기

이름 :

날짜 :

시간 :   :   ~   :

🐸 길이 비교의 이해 ②

★ 왼쪽보다 키가 더 큰 사람(동물)에 ○표 하세요.

1

　　　　　　　(　)　　　(　)　　　(　)

2

　　　　　　　(　)　　　(　)　　　(　)

★ 왼쪽보다 키가 더 작은 사람(동물)에 △표 하세요.

3

　　　　　　　(　)　　　(　)　　　(　)

4

　　　　　　　(　)　　　(　)　　　(　)

★ 왼쪽보다 더 높은 것에 ○표 하세요.

5

( ) ( ) ( )

6

( ) ( ) ( )

★ 왼쪽보다 더 낮은 것에 △표 하세요.

7

( ) ( ) ( )

8

( ) ( ) ( )

도형·측정편

14a

길이 비교하기

이름 :
날짜 :
시간 :   :   ~   :

🐸 길이 비교의 이해 ③

1 더 긴바늘에 ○표 하세요.

2 더 짧은 것에 △표 하세요.

3 가장 긴 것에 ○표, 가장 짧은 것에 △표 하세요.

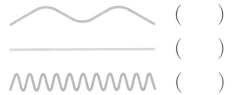

4 꼬리의 길이가 가장 긴 동물의 이름을 쓰세요.

사자   코끼리   원숭이   (   )

5 키가 가장 큰 사람의 이름을 쓰세요.

지호   은나   수영

(   )

6 키가 가장 작은 동물의 이름을 쓰세요.

쥐   펭귄   캥거루

(   )

7 키가 가장 큰 사람에 ○표, 가장 작은 사람에 △표 하세요.

(   )   (   )   (   )

도형·측정편

15a

길이 비교하기

이름 :

날짜 :

시간 : : ~ :

🐸 길이 비교의 이해 ④

1 키가 큰 동물부터 차례로 1, 2, 3을 쓰세요.

( ) ( ) ( )

2 가장 높은 곳에 사는 사람의 이름을 쓰세요.

다인

희도

민지

( )

3 돌탑을 가장 낮게 쌓은 동물의 이름을 쓰세요.

토끼   닭   원숭이

( )

4 가장 높은 곳에 있는 사람의 이름을 쓰세요.

희연   지민   은호

(   )

5 가장 낮은 곳에 있는 동물의 이름을 쓰세요.

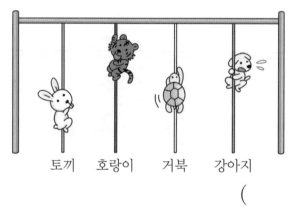

토끼   호랑이   거북   강아지

(   )

6 낮은 것부터 차례로 1, 2, 3, 4, 5를 쓰세요.

(   )   (   )   (   )   (   )   (   )

무게 비교하기

이름 :

날짜 :

시간 :   :   ~   :

🐸 두 물건의 무게 비교하기 ①

★ 알맞은 말에 ○표 하세요.

두 물건의 무게를 비교할 때에는 '더 무겁다, 더 가볍다'로 나타냅니다.

1

• 들어 보았을 때 힘이 더 드는 것은 (볼링공 , 야구공)입니다.

• 볼링공은 야구공보다 더 (무겁습니다 , 가볍습니다).

2

혜림

민성

• 시소가 아래쪽으로 내려간 사람은 (혜림 , 민성)이입니다.

• 혜림이는 민성이보다 더 (무겁습니다 , 가볍습니다).

3

• 피아노는 멜로디언보다 더 (무겁습니다 , 가볍습니다).

• 멜로디언은 피아노보다 더 (무겁습니다 , 가볍습니다).

4

코끼리는 다람쥐보다 더 (무겁습니다 , 가볍습니다).

5

멜론은 귤보다 더 (무겁습니다 , 가볍습니다).

6

펭귄은 하마보다 더 (무겁습니다 , 가볍습니다).

7

당근은 호박보다 더 (무겁습니다 , 가볍습니다).

도형·측정편

무게 비교하기

🐸 두 물건의 무게 비교하기 ②

★ 더 무거운 것에 ○표 하세요.

1

(   )   (   )

2

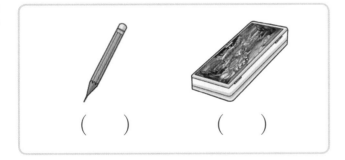

(   )   (   )

3

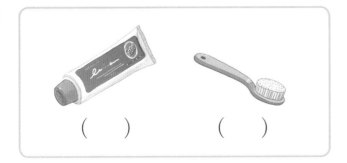

(   )   (   )

4

( )　　　　　( )

5

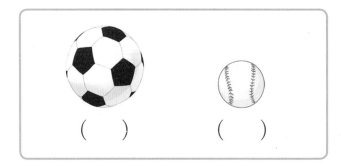

( )　　　　　( )

6

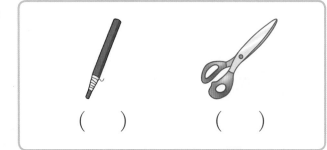

( )　　　　　( )

도형·측정편

18a

무게 비교하기

이름 :

날짜 :

시간 :   :   ~   :

🐸 두 물건의 무게 비교하기 ③

★ 더 가벼운 것에 △표 하세요.

1

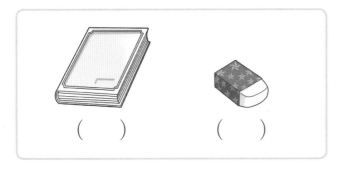

(   )   (   )

2

(   )   (   )

3

(   )   (   )

4

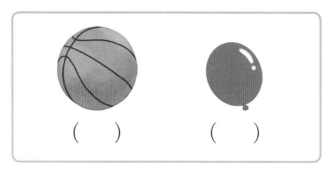

(   )   (   )

5

(   )   (   )

6

(   )   (   )

도형·측정편

무게 비교하기

이름 :

날짜 :

시간 :   :   ~   :

🐸 세 물건의 무게 비교하기 ①

★ 알맞은 말에 ◯표 하세요.

세 물건의 무게를 비교할 때에는 '가장 무겁다, 가장 가볍다'로 나타냅니다.

1

- 들어 보았을 때 가장 힘이 드는 것은 (책상 , 책 , 연필) 입니다.

- 가장 무거운 것은 (책상 , 책 , 연필)입니다.

2

- 가장 무거운 동물은 (병아리 , 코끼리 , 토끼)입니다.

- 가장 가벼운 동물은 (병아리 , 코끼리 , 토끼)입니다.

3

- 가장 무거운 것은 (필통 , 지우개 , 책가방)입니다.

- 가장 가벼운 것은 (필통 , 지우개 , 책가방)입니다.

4

가장 무거운 공은 (탁구공 , 볼링공 , 테니스공)입니다.

5

가장 무거운 동물은 (기린 , 고양이 , 사자)입니다.

6

가장 가벼운 채소는 (무 , 배추 , 고추)입니다.

7

가장 가벼운 것은 (못 , 망치 , 도끼)입니다.

도형·측정편

무게 비교하기

이름 :

날짜 :

시간 :   :   ~   :

🐸 세 물건의 무게 비교하기 ②

★ 가장 무거운 것에 ○표, 가장 가벼운 것에 △표 하세요.

1

(   )   (   )   (   )

2

(   )   (   )   (   )

3

(   )   (   )   (   )

4

(　　) 　　 (　　) 　　 (　　)

5

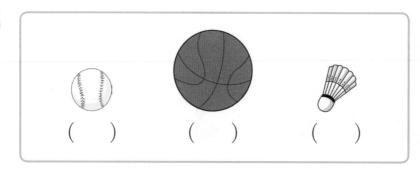

(　　) 　　 (　　) 　　 (　　)

6

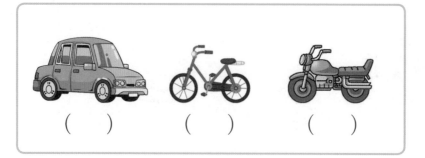

(　　) 　　 (　　) 　　 (　　)

무게 비교하기

🐸 무게 비교의 이해 ①

★ 왼쪽보다 더 무거운 것에 ○표 하세요.

1

(   )   (   )   (   )

2

(   )   (   )   (   )

3

(   )   (   )   (   )

4

(   )   (   )   (   )

★ 왼쪽보다 더 가벼운 것에 △표 하세요.

5

(   )   (   )   (   )

6

(   )   (   )   (   )

7

(   )   (   )   (   )

8

(   )   (   )   (   )

도형·측정편

22a

무게 비교하기

🐸 무게 비교의 이해 ②

1 알맞은 말에 ○표 하세요.

볼링공은 배드민턴공보다 더 (무겁습니다 , 가볍습니다).

2 더 가벼운 쪽에 △표 하세요.

(   )   (   )

3 자루 안에 들어 있는 물건을 찾아 이어 보세요.

·   ·

·   ·

4 가장 무거운 것을 들고 있는 사람의 이름을 쓰세요.

엄지　　　　영수　　　　순철

(　　　　　　　　)

5 똑같은 용수철에 동물들이 매달려 있습니다. 가장 가벼운 동물의 이름을 쓰세요.

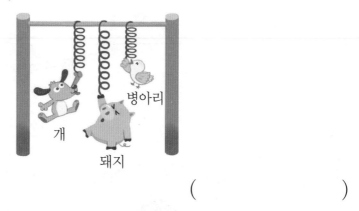

병아리

개

돼지

(　　　　　　　　)

6 무거운 동물부터 차례로 이름을 쓰세요.

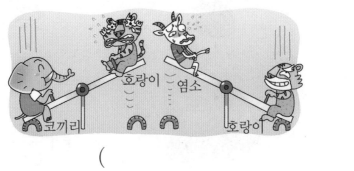

호랑이　염소

코끼리　　　　　　　　호랑이

(　　　　　　　　)

넓이 비교하기

이름 :

날짜 :

시간 :   :   ~   :

🐸 두 물건의 넓이 비교하기 ①

★ 알맞은 말에 ○표 하세요.

1

  →

두 물건의 넓이를 비교할 때에는 '더 넓다, 더 좁다'로 나타냅니다.

엄지   웅이

• 겹쳐 보았을 때 남는 부분이 있는 것은 (엄지 , 웅이)의 조각 피자입니다.

• 엄지의 조각 피자는 웅이의 조각 피자보다 더 (넓습니다 , 좁습니다).

2

• 겹쳐 보았을 때 남는 부분이 없는 것은 (동화책 , 달력) 입니다.

• 동화책은 달력보다 더 (넓습니다 , 좁습니다).

3

• 스케치북은 수첩보다 더 (넓습니다 , 좁습니다).

• 수첩은 스케치북보다 더 (넓습니다 , 좁습니다).

4

칠판은 달력보다 더 (넓습니다 , 좁습니다).

5

엽서는 우표보다 더 (넓습니다 , 좁습니다).

6

사탕은 피자보다 더 (넓습니다 , 좁습니다).

7

50원짜리 동전은 500원짜리 동전보다 더 (넓습니다 , 좁습니다).

도형·측정편

24a

넓이 비교하기

이름 :

날짜 :

시간 :   :   ~   :

🐸 두 물건의 넓이 비교하기 ②

★ 더 넓은 것에 ○표 하세요.

1

(   )   (   )

2

(   )   (   )

3

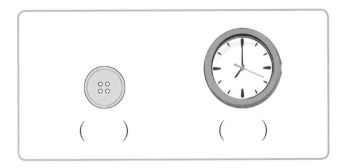

(   )   (   )

4

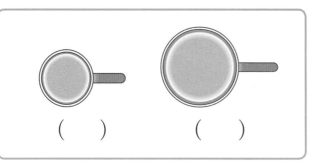

( )　　　　　　( )

5

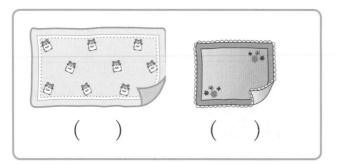

( )　　　　　　( )

6

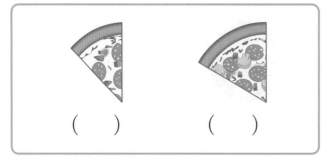

( )　　　　　　( )

도형·측정편

25a

넓이 비교하기

이름 :

날짜 :

시간 :   :   ~   :

🐸 두 물건의 넓이 비교하기 ③

★ 더 좁은 것에 △표 하세요.

1

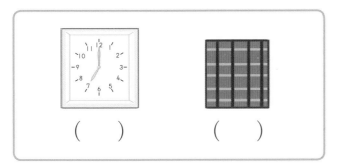

(   )   (   )

2

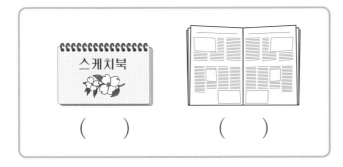

(   )   (   )

3

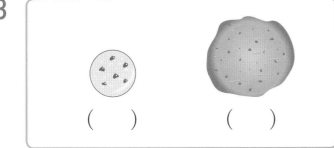

(   )   (   )

4

( )   ( )

5

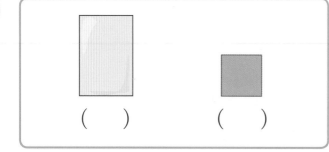

( )   ( )

6

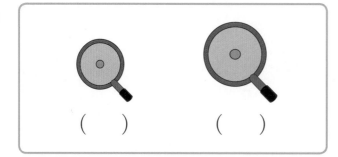

( )   ( )

넓이 비교하기

이름 :

날짜 :

시간 :　　:　　~　　:

🐸 세 물건의 넓이 비교하기 ①

★ 알맞은 말에 ○표 하세요.

> 세 물건의 넓이를 비교할 때에는 '가장 넓다, 가장 좁다'로 나타냅니다.

1

- 겹쳐 보았을 때 가장 많이 남는 것은 (백설공주 , 난쟁이 , 왕비)가 가진 거울입니다.
- 가장 넓은 거울을 가진 사람은 (백설공주 , 난쟁이 , 왕비) 입니다.

2

- 가장 넓은 것은 (텔레비전 , 거울 , 스마트폰)입니다.
- 가장 좁은 것은 (텔레비전 , 거울 , 스마트폰)입니다.

3

- 가장 넓은 동전은 (10원 , 500원 , 100원)짜리입니다.
- 가장 좁은 동전은 (10원 , 500원 , 100원)짜리입니다.

4

가장 넓은 것은 (단추 , 표지판 , 과자)입니다.

5

가장 넓은 것은 (저울 , 빵 , 탬버린)입니다.

6

가장 좁은 것은 (저울 , 방석 , 우표)입니다.

7

가장 좁은 것은 (수첩 , 색종이 , 공책)입니다.

이름 :
날짜 :
시간 :   :   ~   :

넓이 비교하기

🐸 세 물건의 넓이 비교하기 ②

★ 가장 넓은 것에 ○표, 가장 좁은 것에 △표 하세요.

1

(   )   (   )   (   )

2

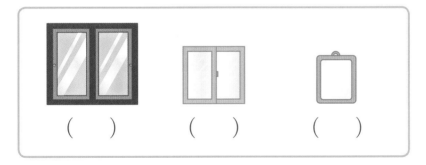

(   )   (   )   (   )

3

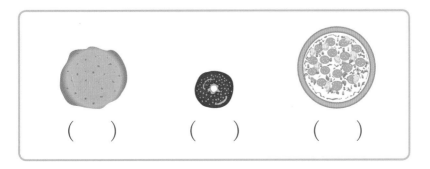

(   )   (   )   (   )

영역별 반복집중학습 프로그램

4

(　　)　　　　　(　　)　　　　　(　　)

5

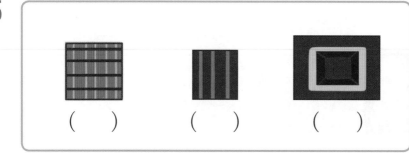

(　　)　　　　　(　　)　　　　　(　　)

6

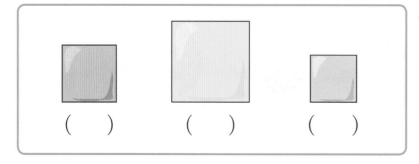

(　　)　　　　　(　　)　　　　　(　　)

도형·측정편

28a

이름 :

날짜 :

시간 : : ~ :

넓이 비교하기

🐸 넓이 비교의 이해 ①

★ 왼쪽보다 더 넓은 것에 ◯표 하세요.

1

 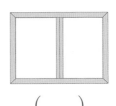

( )　　　( )　　　( )

2

( )　　　( )　　　( )

3

( )　　　( )　　　( )

4

( )　　　( )　　　( )

★ 왼쪽보다 더 좁은 것에 △표 하세요.

5 

(   )   (   )   (   )

6 

(   )   (   )   (   )

7  

(   )   (   )   (   )

8    

(   )   (   )   (   )

넓이 비교하기

🐸 넓이 비교의 이해 ②

1 지선이는 빨간색, 기수는 초록색으로 모양을 색칠했습니다. 작은 한 칸의 크기가 모두 같을 때, 색칠한 부분이 더 넓은 사람은 누구인가요?

(   )

2 수를 순서대로 이은 다음, 더 넓은 쪽에 ○표 하세요.

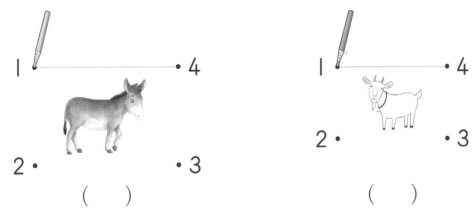

(   )   (   )

3 가장 넓은 것에 노란색, 가장 좁은 것에 파란색으로 색칠하세요.

4 가장 넓은 부분에 노란색, 가장 좁은 부분에 파란색으로 색칠
하세요.

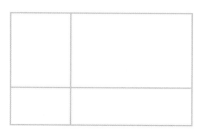

5 왼쪽의 [ ] 보다 더 좁은 것에 모두 색칠하세요.

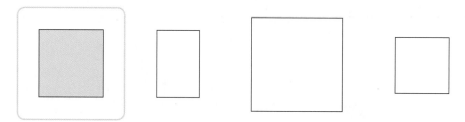

6 왼쪽의 ◯보다 더 넓고 오른쪽의 ◯보다 더 좁은 ◯ 모양
을 빈칸에 그려 넣으세요.

도형·측정편

30a

담을 수 있는 양 비교하기

이름 :

날짜 :

시간 :　：　～　：

🐸 두 그릇에 담을 수 있는 양 비교하기 ①

★ 알맞은 말에 ○표 하세요.

> 두 그릇에 담을 수 있는 양을 비교할 때에는 '더 많다, 더 적다'로 나타냅니다.

1

- 크기가 더 큰 것은 (파란색 , 빨간색) 물통입니다.
- 빨간색 물통은 파란색 물통보다 담을 수 있는 양이 더 (많습니다 , 적습니다).

2

- 크기가 더 작은 것은 (바가지 , 세숫대야)입니다.
- 바가지는 세숫대야보다 담을 수 있는 양이 더 (많습니다 , 적습니다).

3

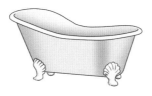

- 욕조는 생수 통보다 담을 수 있는 양이 더 (많습니다 , 적습니다).
- 생수 통은 욕조보다 담을 수 있는 양이 더 (많습니다 , 적습니다).

4

주전자는 냄비보다 담을 수 있는 양이 더 (많습니다 , 적습니다).

5

밥그릇은 컵보다 담을 수 있는 양이 더 (많습니다 , 적습니다).

6

컵은 주전자보다 담을 수 있는 양이 더 (많습니다 , 적습니다).

7

페트병은 양동이보다 담을 수 있는 양이 더 (많습니다 , 적습니다).

담을 수 있는 양 비교하기

🐸 두 그릇에 담을 수 있는 양 비교하기 ②

★ 담을 수 있는 양이 더 많은 것에 ○표 하세요.

1

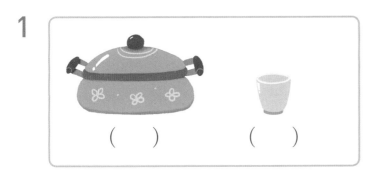

(   )   (   )

2

(   )   (   )

3

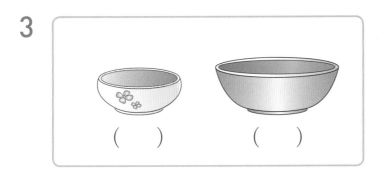

(   )   (   )

31b

영역별 반복집중학습 프로그램

4

(   )   (   )

5

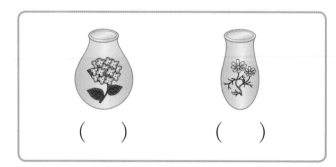

(   )   (   )

6

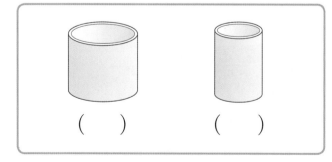

(   )   (   )

기탄영역별수학 | 도형·측정편

담을 수 있는 양 비교하기

🐸 두 그릇에 담을 수 있는 양 비교하기 ③

★ 담을 수 있는 양이 더 적은 것에 △표 하세요.

1

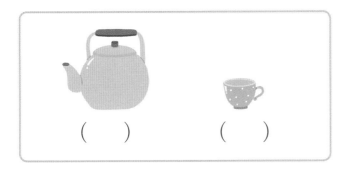

(   )   (   )

2

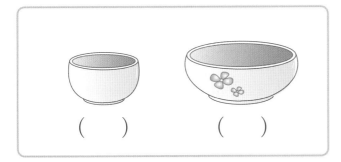

(   )   (   )

3

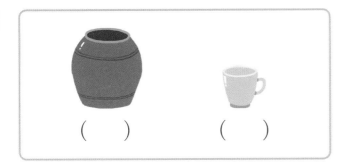

(   )   (   )

4

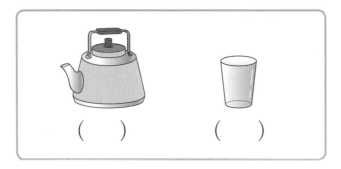

(   )   (   )

5

(   )   (   )

6

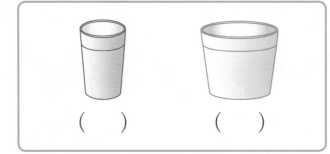

(   )   (   )

담을 수 있는 양 비교하기

이름 :

날짜 :

시간 :   :   ~   :

🐸 세 그릇에 담을 수 있는 양 비교하기 ①

★ 알맞은 말에 ○표 하세요.

> 세 그릇에 담을 수 있는 양을 비교할 때에는 '가장 많다, 가장 적다'로 나타냅니다.

1

 → 가   나   다

- 크기가 가장 큰 것은 (가 , 나 , 다) 바가지입니다.

- 담을 수 있는 양이 가장 많은 것은 (가 , 나 , 다) 바가지 입니다.

2

- 담을 수 있는 양이 가장 많은 것은 (바가지 , 양동이 , 욕조) 입니다.

- 담을 수 있는 양이 가장 적은 것은 (바가지 , 양동이 , 욕조) 입니다.

3

- 담을 수 있는 양이 가장 많은 것은 (냄비 , 주전자 , 컵)입 니다.

- 담을 수 있는 양이 가장 적은 것은 (냄비 , 주전자 , 컵)입 니다.

4

담을 수 있는 양이 가장 많은 것은 (냄비 , 항아리 , 양동이) 입니다.

5 　가　　　　　나　　　　　다

담을 수 있는 양이 가장 많은 것은 (가 , 나 , 다) 컵입니다.

6

담을 수 있는 양이 가장 적은 것은 (생수 통 , 페트병 , 유리컵) 입니다.

7　가　　　　　나　　　　　다

담을 수 있는 양이 가장 적은 것은 (가 , 나 , 다) 주전자입니다.

도형·측정편

34a

담을 수 있는 양 비교하기

이름 :

날짜 :

시간 :   :   ~   :

🐸 세 그릇에 담을 수 있는 양 비교하기 ②

★ 담을 수 있는 양이 가장 많은 것에 ○표, 가장 적은 것에 △표 하세요.

1

(   )   (   )   (   )

2

(   )   (   )   (   )

3

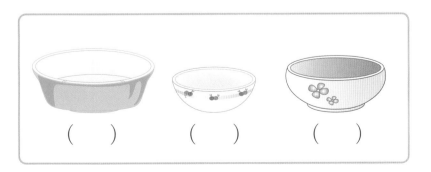

(   )   (   )   (   )

4

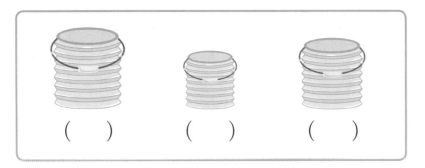

( )　　　( )　　　( )

5

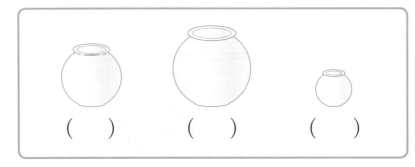

( )　　　( )　　　( )

6

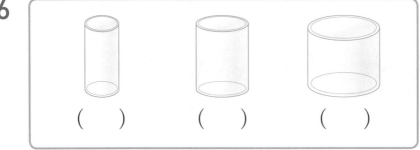

( )　　　( )　　　( )

도형·측정편

35a

담을 수 있는 양 비교하기

이름 :

날짜 :

시간 : :   ~   :

🐸 두 그릇에 담긴 물의 양 비교하기 ①

★ 담긴 물의 양이 더 많은 것에 ○표 하세요.

1
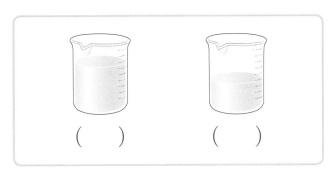

( )   ( )

두 그릇의 모양과 크기가 같은 경우, 담긴 물의 높이가 높을수록 담긴 물의 양이 더 많습니다.

2
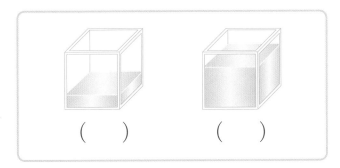

( )   ( )

3
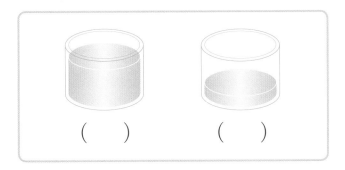

( )   ( )

★ 담긴 물의 양이 더 적은 것에 △표 하세요.

4

(   )   (   )

5
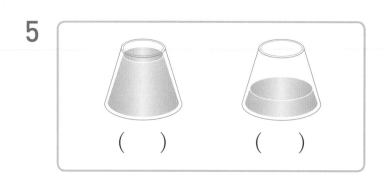

(   )   (   )

6
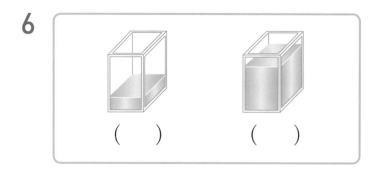

(   )   (   )

도형·측정편

36a

담을 수 있는 양 비교하기

이름 :

날짜 :

시간 : : ~ :

🐸 두 그릇에 담긴 물의 양 비교하기 ②

★ 담긴 물의 양이 더 많은 것에 ○표 하세요.

1

( )   ( )

담긴 물의 높이가 같고
두 그릇의 모양과 크기가
다른 경우, 그릇의 크기가
클수록 담긴 물의 양이
더 많습니다.

2

( )   ( )

3

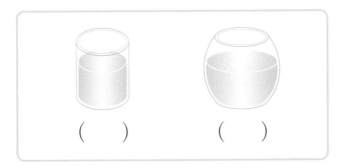

( )   ( )

★ 담긴 물의 양이 더 적은 것에 △표 하세요.

4

( )　　　　( )

5

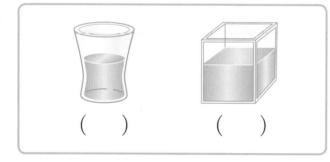

( )　　　　( )

6

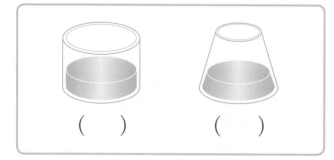

( )　　　　( )

담을 수 있는 양 비교하기

🐸 세 그릇에 담긴 물의 양 비교하기 ①

★ 담긴 물의 양이 가장 많은 것에 ○표, 가장 적은 것에 △표 하세요.

1

(   )   (   )   (   )

2

(   )   (   )   (   )

3

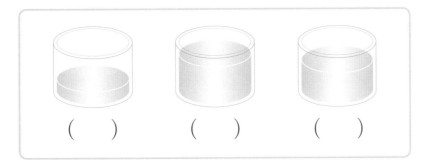

(   )   (   )   (   )

4

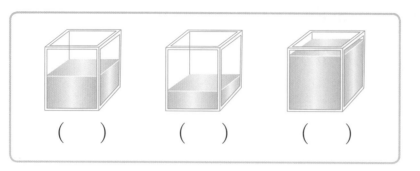

(　　)　　　　(　　)　　　　(　　)

5

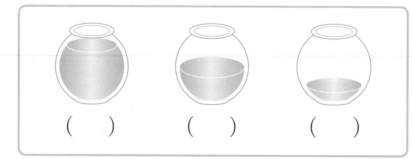

(　　)　　　　(　　)　　　　(　　)

6

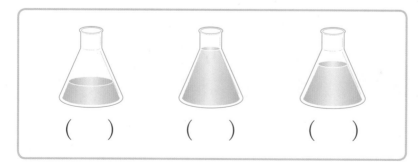

(　　)　　　　(　　)　　　　(　　)

도형·측정편

38a

담을 수 있는 양 비교하기

이름 :

날짜 :

시간 : : ~ :

🐸 세 그릇에 담긴 물의 양 비교하기 ②

★ 담긴 물의 양이 가장 많은 것에 ◯표, 가장 적은 것에 △표 하세요.

1

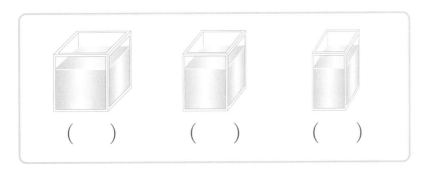

(   )   (   )   (   )

2

(   )   (   )   (   )

3

(   )   (   )   (   )

4

( )　　　　　( )　　　　　( )

5

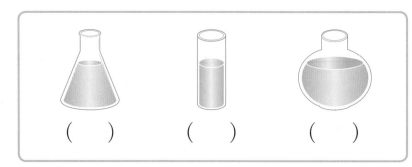

( )　　　　　( )　　　　　( )

6

( )　　　　　( )　　　　　( )

영역별 반복집중학습 프로그램

도형·측정편

39a

담을 수 있는 양 비교하기

이름 :

날짜 :

시간 : : ~ :

🐸 담을 수 있는 양의 비교의 이해 ①

★ 왼쪽보다 담을 수 있는 양이 더 많은 것에 ○표 하세요.

1

(　　) 　(　　) 　(　　)

2

(　　) 　(　　) 　(　　)

★ 왼쪽보다 담을 수 있는 양이 더 적은 것에 △표 하세요.

3

(　　) 　(　　) 　(　　)

4

(　　) 　(　　) 　(　　)

★ 왼쪽보다 담긴 물의 양이 더 많은 것에 ○표 하세요.

5

( )　　( )　　( )

6

( )　　( )　　( )

★ 왼쪽보다 담긴 물의 양이 더 적은 것에 △표 하세요.

7

( )　　( )　　( )

8

( )　　( )　　( )

도형·측정편

40a

담을 수 있는 양 비교하기

이름 :

날짜 :

시간 :   :   ~   :

🐸 담을 수 있는 양의 비교의 이해 ②

1   은주와 아빠가 운동을 하러 갑니다. 어느 통에 물을 담아 가
    는 것이 좋을지 ○표 하세요.

(   )   (   )

2   물줄기의 물의 양이 같을 때, 누가 물을 더 빨리 받을 수 있는
    지 ○표 하세요.

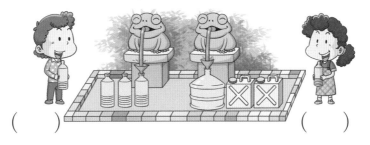

(   )   (   )

3   모양과 크기가 같은 양동이의 한쪽에 물을 반쯤 담아 상자 위에
    올려놓았습니다. 가와 나 중 물이 담긴 양동이는 어느 것인가요?

가    나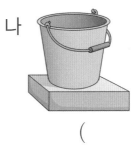

(   )

4 물이 가장 많이 들어가는 그릇을 가진 동물의 이름을 쓰세요.

악어 곰 토끼

(   )

5 물이 가장 적게 들어가는 물통을 가진 동물의 이름을 쓰세요.

코끼리 원숭이 호랑이 기린

(   )

6 모양과 크기가 같은 그릇에 가득 담긴 물감을 사용하고 남은 것입니다. 가장 많이 사용한 물감에 ◯표 하세요.

(   ) (   ) (   ) (   )

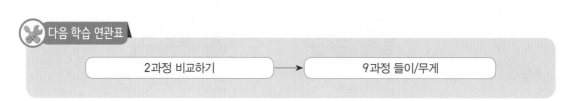

🐾 다음 학습 연관표

2과정 비교하기 ⟶ 9과정 들이/무게

기탄영역별수학
도형·측정편

성취도 테스트

2과정 | 비교하기

이름			
실시 연월일	년	월	일
걸린 시간		분	초
오답 수			/ 16

기초부터 탄탄하게
기탄교육

1 더 긴 것에 ○표 하세요.

( )

( )

2 가장 긴 것에 ○표, 가장 짧은 것에 △표 하세요.

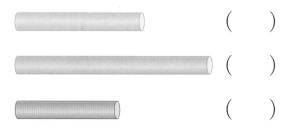

( )

( )

( )

3 키가 더 큰 사람에 ○표 하세요.

( ) ( )

4 키가 가장 큰 사람에 ○표, 가장 작은 사람에 △표 하세요.

( ) ( ) ( )

5 더 높은 것에 ○표 하세요.

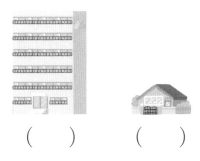

(   )   (   )

6 가장 높은 것에 ○표, 가장 낮은 것에 △표 하세요.

(   )   (   )   (   )

7 더 무거운 사람에 ○표 하세요.

(   )   (   )

8 가장 무거운 것에 ○표, 가장 가벼운 것에 △표 하세요.

(   )   (   )   (   )

9 더 넓은 것에 ○표 하세요.

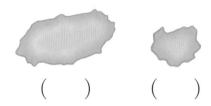

(   )   (   )

10 가장 넓은 것에 ○표, 가장 좁은 것에 △표 하세요.

(   )   (   )   (   )

11 담을 수 있는 양이 더 많은 것에 ○표 하세요.

(   )   (   )

12 담을 수 있는 양이 가장 많은 것에 ○표, 가장 적은 것에 △표 하세요.

(   )   (   )   (   )

13 담긴 주스의 양이 더 많은 것에 ○표 하세요.

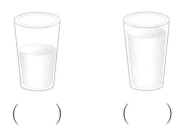

(   )   (   )

14 담긴 물의 양이 더 많은 것에 ○표 하세요.

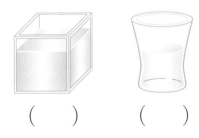

(   )   (   )

15 담긴 우유의 양이 가장 많은 것에 ○표, 가장 적은 것에 △표 하세요.

(   )   (   )   (   )

16 담긴 물의 양이 가장 많은 것에 ○표, 가장 적은 것에 △표 하세요.

(   )   (   )   (   )

2과정 | 비교하기

번호	평가 요소	평가 내용	결과(O, X)	관련 내용
1	길이 비교하기	두 물건의 길이를 비교할 수 있는지 확인하는 문제입니다.		1a
2		세 물건의 길이를 비교할 수 있는지 확인하는 문제입니다.		4a
3		두 사람의 키를 비교할 수 있는지 확인하는 문제입니다.		6a
4		세 사람의 키를 비교할 수 있는지 확인하는 문제입니다.		8a
5		두 건물의 높이를 비교할 수 있는지 확인하는 문제입니다.		9a
6		세 물건의 높이를 비교할 수 있는지 확인하는 문제입니다.		11a
7	무게 비교하기	두 사람의 몸무게를 비교할 수 있는지 확인하는 문제입니다.		16a
8		세 채소의 무게를 비교할 수 있는지 확인하는 문제입니다.		19a
9	넓이 비교하기	두 땅의 넓이를 비교할 수 있는지 확인하는 문제입니다.		23a
10		세 과자의 넓이를 비교할 수 있는지 확인하는 문제입니다.		26a
11	담을 수 있는 양 비교하기	두 그릇에 담을 수 있는 양을 비교할 수 있는지 확인하는 문제입니다.		30a
12		세 그릇에 담을 수 있는 양을 비교할 수 있는지 확인하는 문제입니다.		33a
13		모양과 크기가 같은 두 그릇에 담긴 주스의 양을 비교할 수 있는지 확인하는 문제입니다.		35a
14		담긴 물의 높이가 같고 모양과 크기가 다른 두 그릇에 담긴 물의 양을 비교할 수 있는지 확인하는 문제입니다.		36a
15		모양과 크기가 같은 세 그릇에 담긴 우유의 양을 비교할 수 있는지 확인하는 문제입니다.		37a
16		담긴 물의 높이가 같고 모양과 크기가 다른 세 그릇에 담긴 물의 양을 비교할 수 있는지 확인하는 문제입니다.		38a

평가 기준	평가	□ A등급(매우 잘함)	□ B등급(잘함)	□ C등급(보통)	□ D등급(부족함)
	오답 수	0~1	2~3	4~5	6~

• A, B등급: 다음 교재를 시작하세요.

• C등급: 틀린 부분을 다시 한번 더 공부한 후, 다음 교재를 시작하세요.

• D등급: 본 교재를 다시 구입하여 복습한 후, 다음 교재를 시작하세요.

기탄영역별수학
도형·측정편

정답과 풀이

2과정 | 비교하기

기초부터 탄탄하게
G 기탄교육

1ab

1 기차, 깁니다   2 영수, 짧습니다
3 깁니다, 짧습니다 4 깁니다
5 깁니다   6 짧습니다
7 짧습니다

2ab

1 (○)   2 ( )   3 ( )
   ( )   (○)   (○)
4 (○)   5 ( )   6 (○)
   ( )   (○)   ( )
7 (○)   8 ( )(○)
   ( )

〈풀이〉

1 왼쪽 끝이 맞추어져 있으므로 오른쪽 끝이 더 많이 나온 기차가 버스보다 더 깁니다.

2 왼쪽 끝이 맞추어져 있으므로 오른쪽 끝이 더 많이 나온 자가 색연필보다 더 깁니다.

8 위쪽 끝이 맞추어져 있으므로 아래쪽 끝이 더 많이 내려온 파란색 바지가 초록색 바지보다 더 깁니다.

3ab

1 ( )   2 (△)   3 ( )
   (△)   ( )   (△)
4 (△)   5 ( )   6 (△)
   ( )   (△)   ( )
7 (△)   8 ( )(△)
   ( )

〈풀이〉

1 왼쪽 끝이 맞추어져 있으므로 오른쪽 끝이 더 적게 나온 지우개가 자보다 더 짧습니다.

2 왼쪽 끝이 맞추어져 있으므로 오른쪽 끝이 더 적게 나온 자동차가 배보다 더 짧습니다.

4ab

1 오이, 오이   2 붓, 크레파스
3 연필, 풀   4 지팡이
5 빗   6 못

5ab

1 ( )   2 (○)
  (△)   (△)
  (○)   ( )
3 (△)(○)( )
4 ( )   5 ( )
  (△)   (○)
  (○)   (△)
6 ( )(△)(○)

〈풀이〉

1 왼쪽 끝이 맞추어져 있으므로 오른쪽 끝이 가장 많이 나온 풀이 가장 길고, 오른쪽 끝이 가장 적게 나온 그림물감이 가장 짧습니다.

6ab

1 소희, 큽니다   2 소희, 작습니다
3 큽니다, 작습니다 4 큽니다
5 큽니다   6 작습니다
7 작습니다

7ab

1 ( )(○)   2 (○)( )
3 (○)( )   4 ( )(△)
5 (△)( )   6 ( )(△)

〈풀이〉

1 발바닥이 맞추어져 있으므로 머리끝이 더 많이 올라간 캥거루가 코알라보다 키가 더 큽니다.

4 발바닥이 맞추어져 있으므로 머리끝이 더
　적게 올라간 펭귄이 곰보다 키가 더 작습
　니다.

8ab

1 민석, 민석
2 연수, 준기
3 기린, 하마
4 (○)(△)(　)
5 (　)(○)(△)
6 (△)(　)(○)

〈풀이〉

6 발바닥이 맞추어져 있으므로 머리끝이 가
　장 많이 올라간 백설 공주의 키가 가장 크
　고, 머리끝이 가장 적게 올라간 난쟁이의
　키가 가장 작습니다.

9ab

1 버스, 높습니다
2 자전거, 낮습니다
3 높습니다, 낮습니다
4 높습니다　　　5 높습니다
6 낮습니다　　　7 낮습니다

10ab

1 (　)(○)　　　2 (○)(　)
3 (　)(○)　　　4 (　)(△)
5 (△)(　)　　　6 (　)(△)

〈풀이〉

1 아래쪽 끝이 맞추어져 있으므로 위쪽 끝이
　더 많이 올라간 빌딩이 집보다 더 높습니다.

4 아래쪽 끝이 맞추어져 있으므로 위쪽 끝이 더
　적게 올라간 첨성대가 탑보다 더 낮습니다.

11ab

1 신호등, 신호등
2 그네, 철봉
3 가로등, 집
4 (△)(○)(　)
5 (○)(　)(△)
6 (　)(△)(○)

〈풀이〉

4 아래쪽 끝이 맞추어져 있으므로 위쪽 끝이
　가장 많이 올라간 주황색 깃발이 가장 높
　고, 위쪽 끝이 가장 적게 올라간 빨간색 깃
　발이 가장 낮습니다.

12ab

1 (○)　　　　　2 (　)
　(　)　　　　　　(○)
　(　)　　　　　　(　)
3 (　)(　)(○)
4 (　)　　　5 (　)
　(△)　　　　(○)
　(　)　　　　　(△)
6 (△)(　)(　)

〈풀이〉

3 아래쪽 끝이 맞추어져 있으므로 위쪽 끝이
　자보다 더 많이 올라간 색연필이 자보다
　더 깁니다.

5 왼쪽 끝이 맞추어져 있으므로 오른쪽 끝이
　우산보다 더 적게 나온 리코더가 우산보다
　더 짧습니다.

13ab

1 (　)(○)(　)　2 (○)(　)(　)
3 (　)(△)(　)　4 (　)(　)(△)
5 (　)(　)(○)　6 (　)(○)(　)
7 (△)(　)(　)　8 (　)(△)(　)

14ab

1 　　　2 (△)
　　　　　　　　　　　 (　)
3 (　)
　 (△)
　 (○)
4 원숭이　5 수영　6 쥐
7 (　)(○)(△)

〈풀이〉

2 많이 구부러져 있을수록 줄을 곧게 폈을 때 길이가 더 깁니다.

3 양쪽 끝이 맞추어져 있으므로 가장 많이 구부러진 것이 가장 길고, 곧은 선이 가장 짧습니다.

5 머리끝이 맞추어져 있으므로 발바닥이 가장 아래쪽에 있는 수영이의 키가 가장 큽니다.

6 머리끝이 맞추어져 있으므로 발바닥이 가장 위쪽에 있는 쥐의 키가 가장 작습니다.

7 매달려 있는 높이가 모두 같으므로 발이 바닥에 닿은 사람의 키가 가장 크고, 발이 바닥에서 가장 먼 사람의 키가 가장 작습니다.

15ab

1 (3)(1)(2)
2 다인
3 닭
4 은호
5 토끼
6 (3)(1)(4)(2)(5)

〈풀이〉

1 머리끝이 맞추어져 있으므로 발바닥이 아래쪽에 있는 동물부터 번호를 씁니다.

16ab

1 볼링공, 무겁습니다
2 민성, 가볍습니다
3 무겁습니다, 가볍습니다
4 무겁습니다
5 무겁습니다
6 가볍습니다
7 가볍습니다

17ab

1 (○)(　)　　　2 (　)(○)
3 (○)(　)　　　4 (　)(○)
5 (○)(　)　　　6 (　)(○)

〈풀이〉

1 케이크와 도넛을 한 손으로 들어 보았을 때 힘이 더 드는 케이크가 도넛보다 더 무겁습니다.

2 연필과 필통을 한 손으로 들어 보았을 때 힘이 더 드는 필통이 연필보다 더 무겁습니다.

4 실생활의 경험을 통해 구급차가 자전거보다 더 무거운 것을 알 수 있습니다.

18ab

1 (　)(△)　　　2 (△)(　)
3 (　)(△)　　　4 (　)(△)
5 (△)(　)　　　6 (△)(　)

〈풀이〉

1 책과 지우개를 한 손으로 들어 보았을 때 힘이 덜 드는 지우개가 책보다 더 가볍습니다.

2 한 손으로 들 수 있는 딸기가 수박보다 더 가볍습니다.

19ab

1 책상, 책상　　2 코끼리, 병아리
3 책가방, 지우개　4 볼링공
5 기린　　　　　　6 고추
7 못

20ab

1 (　)(△)(○)　2 (△)(　)(○)
3 (○)(△)(　)　4 (△)(　)(○)
5 (　)(○)(△)　6 (○)(△)(　)

〈풀이〉
1 손으로 들어 보았을 때 가장 무거운 것은 파인애플이고, 가장 가벼운 것은 귤입니다.

21ab

1 (○)(　)(　)　2 (　)(　)(○)
3 (　)(○)(　)　4 (○)(　)(　)
5 (　)(　)(△)　6 (　)(△)(　)
7 (　)(　)(△)　8 (△)(　)(　)

22ab

1 무겁습니다　　2 (△)(　)
3 [교차 연결선]
4 영수　　　　　5 병아리
6 코끼리, 호랑이, 염소

〈풀이〉
3 실생활의 경험을 통해서 들기 무거워 보이는 자루에는 무거운 유리병들이 들어 있고, 가벼워서 쉽게 들 수 있는 자루에는 가벼운 플라스틱병들이 들어 있음을 추측할 수 있습니다.

5 용수철은 무게가 무거울수록 더 많이 늘어납니다. 따라서 가장 적게 늘어난 병아리의 무게가 가장 가볍습니다.

6 코끼리는 호랑이보다 더 무겁고, 호랑이는 염소보다 더 무겁습니다. 따라서 코끼리가 가장 무겁습니다.

23ab

1 엄지, 넓습니다
2 동화책, 좁습니다
3 넓습니다, 좁습니다
4 넓습니다　　　5 넓습니다
6 좁습니다　　　7 좁습니다

24ab

1 (○)(　)　　2 (　)(○)
3 (　)(○)　　4 (　)(○)
5 (○)(　)　　6 (　)(○)

〈풀이〉
1 스케치북과 액자를 겹쳐 보았을 때 남는 부분이 있는 스케치북이 더 넓습니다.

2 과자와 표지판을 겹쳐 보았을 때 남는 부분이 있는 표지판이 더 넓습니다.

25ab

1 (　)(△)　　2 (△)(　)
3 (△)(　)　　4 (△)(　)
5 (　)(△)　　6 (△)(　)

〈풀이〉
1 시계와 과자를 겹쳐 보았을 때 남는 부분이 없는 과자가 더 좁습니다.

2 스케치북과 신문을 겹쳐 보았을 때 남는 부분이 없는 스케치북이 더 좁습니다.

26ab

1 왕비, 왕비
2 텔레비전, 스마트폰
3 500원, 10원
4 표지판
5 저울
6 우표
7 수첩

27ab

1 (△)(○)(   ) 2 (○)(   )(△)
3 (   )(△)(○) 4 (○)(   )(△)
5 (   )(△)(○) 6 (   )(○)(△)

〈풀이〉

1 겹쳐 보았을 때 가장 많이 남는 것이 가장 넓습니다. 넓은 것부터 차례로 쓰면 동화책, 필통, 지우개입니다.

4 겹쳐 보았을 때 가장 많이 남는 것이 가장 넓습니다. 넓은 것부터 차례로 쓰면 태극기, 위인전, 액자입니다.

28ab

1 (   )(○)(   ) 2 (○)(   )(   )
3 (   )(   )(○) 4 (   )(○)(   )
5 (   )(   )(△) 6 (△)(   )(   )
7 (   )(△)(   ) 8 (△)(   )(   )

〈풀이〉

1 액자와 겹쳐 보았을 때 남는 부분이 있는 것은 창문입니다. 따라서 액자보다 더 넓은 것은 창문입니다.

5 계산기와 겹쳐 보았을 때 남는 부분이 없는 것은 스마트폰입니다. 따라서 계산기보다 더 좁은 것은 스마트폰입니다.

29ab

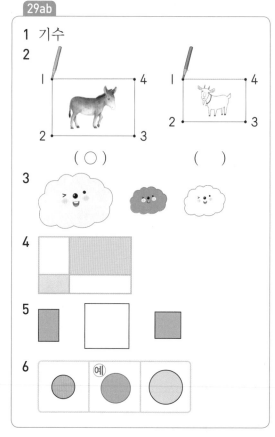

1 기수

〈풀이〉

1 작은 한 칸의 수를 각각 세어 보면 빨간색은 6칸, 초록색은 8칸입니다. 따라서 색칠한 부분이 더 넓은 사람은 기수입니다.

6 ⬤과 겹쳤을 때는 남아야 하고 ⬤과 겹쳤을 때는 남는 부분이 없도록 ⬤ 모양을 그립니다.

30ab

1 빨간색, 많습니다
2 바가지, 적습니다
3 많습니다, 적습니다
4 많습니다   5 많습니다
6 적습니다   7 적습니다

31ab

1 (○)(　) 　 2 (　)(○)
3 (　)(○) 　 4 (　)(○)
5 (○)(　) 　 6 (○)(　)

〈풀이〉

1 냄비가 컵보다 더 크므로 담을 수 있는 양이 더 많습니다.

2 주전자가 그릇보다 더 크므로 담을 수 있는 양이 더 많습니다.

32ab

1 (　)(△) 　 2 (△)(　)
3 (　)(△) 　 4 (　)(△)
5 (△)(　) 　 6 (△)(　)

〈풀이〉

1 컵이 주전자보다 더 작으므로 담을 수 있는 양이 더 적습니다.

2 왼쪽 그릇이 오른쪽 그릇보다 더 작으므로 담을 수 있는 양이 더 적습니다.

33ab

1 가, 가 　 2 욕조, 바가지
3 주전자, 컵 　 4 항아리
5 다 　 6 유리컵
7 나

〈풀이〉

4 냄비, 항아리, 양동이 중에서 가장 큰 것은 항아리이므로 담을 수 있는 양이 가장 많은 것은 항아리입니다.

6 생수 통, 페트병, 유리컵 중에서 가장 작은 것은 유리컵이므로 담을 수 있는 양이 가장 적은 것은 유리컵입니다.

34ab

1 (　)(○)(△) 2 (　)(△)(○)
3 (○)(△)(　) 4 (○)(△)(　)
5 (　)(○)(△) 6 (△)(　)(○)

〈풀이〉

1~6 담을 수 있는 양이 가장 많은 것은 가장 큰 것이고, 담을 수 있는 양이 가장 적은 것은 가장 작은 것입니다.

35ab

1 (○)(　) 　 2 (　)(○)
3 (○)(　) 　 4 (△)(　)
5 (　)(△) 　 6 (△)(　)

〈풀이〉

1 두 그릇의 모양과 크기가 같고 왼쪽 그릇에 담긴 물의 높이가 오른쪽보다 더 높으므로, 왼쪽 그릇에 담긴 물의 양이 오른쪽보다 더 많습니다.

4 두 그릇의 모양과 크기가 같고 왼쪽 그릇에 담긴 물의 높이가 오른쪽보다 더 낮으므로, 왼쪽 그릇에 담긴 물의 양이 오른쪽보다 더 적습니다.

36ab

1 (○)(　) 　 2 (　)(○)
3 (　)(○) 　 4 (　)(△)
5 (△)(　) 　 6 (　)(△)

〈풀이〉

1 두 그릇의 물의 높이가 같으므로 크기가 더 큰 왼쪽 그릇에 담긴 물의 양이 오른쪽보다 더 많습니다.

4 두 그릇의 물의 높이가 같으므로 크기가 더 작은 오른쪽 그릇에 담긴 물의 양이 왼쪽보다 더 적습니다.

37ab

```
1 ( ○ )( △ )(    )   2 ( △ )( ○ )(    )
3 (    )( △ )( ○ )   4 (    )( △ )( ○ )
5 ( ○ )(    )( △ )   6 ( △ )( ○ )(    )
```

〈풀이〉

1~6 세 그릇의 모양과 크기가 같으므로 담긴 물의 높이가 높을수록 담긴 물의 양이 더 많습니다.

38ab

```
1 ( ○ )(    )( △ )   2 (    )( △ )( ○ )
3 (    )( △ )( ○ )   4 (    )( ○ )( △ )
5 (    )( △ )( ○ )   6 ( △ )( ○ )(    )
```

〈풀이〉

1~6 담긴 물의 높이가 같고 세 그릇의 모양과 크기가 다르므로, 그릇의 크기가 클수록 담긴 물의 양이 더 많습니다.

39ab

```
1 (    )(    )( ○ )   2 (    )( ○ )(    )
3 ( △ )(    )(    )   4 (    )(    )( △ )
5 ( ○ )(    )(    )   6 (    )( ○ )(    )
7 ( △ )(    )(    )   8 (    )(    )( △ )
```

〈풀이〉

5 그릇의 모양과 크기가 모두 같으므로 왼쪽보다 물의 높이가 더 높은 것을 찾습니다.

6 그릇의 물의 높이가 모두 같으므로 왼쪽보다 크기가 더 큰 것을 찾습니다.

7 그릇의 모양과 크기가 모두 같으므로 왼쪽보다 물의 높이가 더 낮은 것을 찾습니다.

8 그릇의 물의 높이가 모두 같으므로 왼쪽보다 크기가 더 작은 것을 찾습니다.

40ab

```
1 (    )( ○ )         2 ( ○ )(    )
3 가                  4 곰
5 코끼리
6 (    )( ○ )(    )(    )
```

〈풀이〉

1 2명이 운동을 하러 가서 물을 마시기에 왼쪽 물통은 담긴 물의 양이 너무 많고 들고 가기에 무거우므로, 오른쪽 물통에 담아 가는 것이 좋습니다.

2 물줄기의 물의 양이 같기 때문에 담을 수 있는 양이 더 적은 통에 물을 더 빨리 채울 수 있으므로, 남자 아이가 물을 더 빨리 받을 수 있습니다.

3 물이 들어 있는 양동이가 더 무거우므로, 찌그러진 상자 위의 양동이에 물이 담겨 있음을 알 수 있습니다.

4 크기가 가장 큰 그릇에 물을 가장 많이 담을 수 있으므로, 물이 가장 많이 들어가는 그릇을 가진 동물은 곰입니다.

6 남은 물감의 양이 가장 적은 것이 가장 많이 사용한 것입니다.

성취도 테스트

```
1  ( ○ )              2  (    )
   (    )                ( ○ )
                        ( △ )
3  (    )( ○ )        4  ( ○ )( △ )(    )
5  ( ○ )(    )        6  ( △ )( ○ )(    )
7  ( ○ )(    )        8  (    )( ○ )( △ )
9  ( ○ )(    )        10 ( ○ )(    )( △ )
11 ( ○ )(    )        12 (    )( △ )( ○ )
13 (    )( ○ )        14 ( ○ )(    )
15 (    )( ○ )( △ )
16 ( △ )( ○ )(    )
```